科学与工程实践丛书 | 总策划 周忠和

环境与动物之家

主编 黄晓 王耀村

浙江科学技术出版社

版权所有　侵权必究

图书在版编目（CIP）数据

环境与动物之家 / 黄晓，王耀村主编． — 杭州：
浙江科学技术出版社，2023.9
（科学与工程实践丛书）
ISBN 978-7-5739-0715-8

Ⅰ．①环⋯　Ⅱ．①黄⋯　②王⋯　Ⅲ．①环境保护－普及读物②动物保护－普及读物　Ⅳ．① X-49 ② S863

中国国家版本馆CIP数据核字(2023)第176927号

丛 书 名	科学与工程实践丛书
书　　名	环境与动物之家
主　　编	黄　晓　王耀村

出版发行　浙江科学技术出版社
　　　　　杭州市体育场路 347 号　邮政编码：310006
　　　　　办公室电话：0571-85176593
　　　　　销售部电话：0571-85062597
　　　　　E－mail：zkpress@zkpress.com

排　版	杭州万方图书有限公司
印　刷	杭州捷派印务有限公司
开　本	787×1092　1/16　　印　张　6.25
字　数	70 000
版　次	2023 年 9 月第 1 版　　印　次　2023 年 9 月第 1 次印刷
书　号	ISBN 978-7-5739-0715-8　定　价　29.80 元

策划编辑　莫亚元　　责任编辑　苏亚娟
责任校对　陈宇珊　　责任美编　金　晖
责任印务　田　文

科学与工程实践丛书
编委会

总策划 周忠和（中国科学院院士）

主　编 黄　晓　王耀村

副主编 吴英策　林长春

本册主编 王伟文

本册副主编 黄　贝

习近平总书记指出，要在教育"双减"中做好科学教育加法，激发青少年好奇心、想象力、探求欲，培育具备科学家潜质、愿意献身科学研究事业的青少年群体。科学教育是基础教育的基础。在"双减"背景下，给科学教育做加法，应该加什么？怎么加？浙江师范大学科学教育研究中心主任黄晓教授团队编写的丛书，用实际行动回应了这些教育界的关切。

为了做有原创价值的科学与工程实践教育课程，团队成员扎根中国本土科学教育实践，开阔国际视野，在引进和改编美国"科学与工程实践教学用书"的基础上，编写了适合我国学生使用的"科学与工程实践丛书"。

"科学与工程实践丛书"共6册，每册围绕一个主题划分为若干个项目，以真实情境任务作为主线贯穿始终，在各项目中融入相应的学习任务，强调科学探究与工程设计过程，重视探究问题的提出、探究活动的体验和科学方法的应用。

"科学与工程实践丛书"努力做好科学教育加法，主要表现为：

1. **突显基于项目的学习关照**。围绕六个与学生生活和社会发展息息相关的主题进行项目设计，以真实情境任务作为明线贯穿始终，强调基于真实任务的方案设计、建模过程与问题解决，做好科学探究与工程实践的加法。

2. 重视科学方法与科学思维。 丛书围绕科学方法与科学思维，在内容编写时融入了观察、测量、预测、分类、比较、解释、推理、控制变量等科学方法，以及科学推理、科学论证、模型建构、质疑创新等科学思维，做好科学方法与科学思维的加法。

"科学与工程实践丛书"与现行义务教育课程标准要求匹配，围绕学生熟悉的六个主题，呈现挑战或问题，融合科学、社会、语言表达艺术、数学等多学科知识应用，为学生创设科学与工程实践过程体验，让学生自主设计、实验和解决问题，以提升实践能力、创新能力和问题解决能力。

中国科学院院士
美国国家科学院外籍院士
发展中国家科学院院士
第十四届全国政协常委
中国科普作家协会理事会理事长

目录

🏠 **实践背景** ... /1

🏠 **项目一　动植物生存的环境** ... /3
　　1.1　写一份建造动物之家的建议书 ... /4
　　1.2　动植物生存的条件 ... /7
　　1.3　天气信息的获取 ... /10
　　1.4　土壤里有什么 ... /15
　　1.5　土壤有什么作用 ... /19

🏠 **项目二　蝴蝶之家与鸟盆** ... /23
　　2.1　制作一个日晷 ... /24
　　2.2　美丽的蝴蝶 ... /30
　　2.3　蝴蝶适宜生存的环境 ... /35
　　2.4　蝴蝶之家 ... /37
　　2.5　制作一个鸟盆 ... /42
　　2.6　认识观察工具 ... /44

项目三　动物之家我设计　/46

3.1　我们一起来设计　/47

3.2　我们一起来准备材料　/52

3.3　与动物之家相关的职业　/57

3.4　制作一台播种机　/59

3.5　维护动物之家　/66

项目四　观察与评价　/70

4.1　动物之家观察日志　/71

4.2　绘制幸福家园　/76

4.3　制作动物之家的3D模型　/81

4.4　参观动物之家——制作一份海报　/83

4.5　评价　/87

参考文献　/91

实践背景

　　星星小学有一个很大的花园，花园里种满了各种各样的花草和树木。小思是学校少科院的小研究员，负责在园子里照料植物。

　　花园里时常有乌鸫在树上停歇，最近乌鸫妈妈又在一棵大树上做了窝，看样子它们是要在这里长期生活了。树旁是一片油菜地，油菜叶下一颗黄色的卵里出来一只毛毛虫，正在进食。

　　小思看到了这一切，想到园子里面食物并不多，新出生的鸟儿和虫子会不会熬不过这个春天？他多么希望这个园子能成为小鸟的天堂，虫子的乐园。于是他和其他同学成立了科学与工程实践小组，小组成员准备向校长提出申请，将空余教室改造成为动物之家，用来研究动植物的生存环境，并探索环境随时间的推移而发生的变化。在这项研究中，需要学习设计草图、选择材料、经费预算等知识。但是，现实问题摆在他们面前：鸟儿和虫子需要怎样的生存环境呢？动物之家的选址和建造需要怎样进行规划？

　　请你们和小思一起学习和探索吧！

科学与工程实践小组成员

小思　　　　茉茉　　　　小伊　　　　特特

小思：好奇心强，善于从身边的事物中发现问题，擅长开展科学探究活动，观察生活中的现象，能够通过观察、调查和实验等方式解决问题。

茉茉：勤学善思，擅长逻辑推理，具有较强的洞察力和数学运算能力，善于使用测量工具，懂得从定量的角度解释现象，能够使用多种数学方法解决真实问题。

小伊：思维敏捷，动手能力较强，能够借鉴前人的智慧，善于利用工程设计流程完成产品的设计与制作，能够根据产品的需求，进行反复的修改。

特特：自信勇敢，勇于创新，精于使用各种工具，擅长运用各种技术收集资料、分析问题并解决问题。懂得在尊重自然规律的基础上改造世界，实现与自然界的和谐共处，解决社会发展过程中遇到的难题。

项目一
动植物生存的环境

项目活动

我们生存的环境里有空气、阳光、水分、温度和土壤等非生物因素,这些非生物因素会随着时间的推移不断地发生变化。环境发生变化,影响着生物的生存方式。在本项目的学习过程中,我们将探索环境随时间推移而发生的变化,以及如何观察和测量这些变化。

1.1 写一份建造动物之家的建议书

色彩斑斓的蝴蝶是如何长大的？多姿多彩的植物是怎样生长的？环境变化对它们有什么影响呢？你是否想了解其中的奥秘呢？请和我们一起向校长提议建造动物之家来进行探索吧！

 **致校长的信**

怎样写出好的建议书？让我们行动起来！

课堂讨论

1. 书信的格式是怎样的？
2. 怎样可以把我们的想法简单明了地表达出来？
3. 写建议书时应该从哪些方面着手？
4. 如何说服校长建造一个动物之家？

请小组成员对建议书的内容提出自己的看法。

1 将大致相同的看法归为一个观点。

2 删除不明确的观点或者讨论后认为不可能被校长采纳的观点。

3 对筛选后的观点进行修改，做到一目了然、简洁明了。

亲爱的校长：

　　我们想要建造一个动物之家，用于研究环境是如何随着时间的推移而发生变化的。我们希望得到您的许可，将一个空余教室改造为动物之家。

　　动物之家将包括以下功能：_____
_____
_____

　　动物之家将位于：_____
_____
_____

　　这个教室将对我们有很大帮助，因为：_____
_____
_____

　　我们将负责：_____
_____
_____

　　我们会采取以下保护措施，确保这次学习是安全的：____
_____
_____

姓名：_____

日期：_____

 小组模拟会

1 在组内宣读建议书：组内选择一名同学宣读建议书，请一名老师扮演校长，其他组员聆听，并请"校长"提出建议。

2 记录建议并修改：组员依次说出修改建议，达成统一意见，最终形成定稿。

 寄信

完整体验整个寄信过程。可以选择手写建议书，去邮局寄信，也可以选择发送电子邮件。

校长很快回信了。

亲爱的同学们：

你们关注自然、关注环境，采用科学家所使用的实验方法来研究自然环境的变化，这是非常好的一种品质，我全力支持各位同学的想法。此外，我还可以给各位同学一个建议，在建设动物之家之前，同学们可以在校园内寻找合适的场所，初步开展一些实验和科学研究。

校长：×××

日期：×××

1.2 动植物生存的条件

地球是人类赖以生存的唯一家园。它无私地为人类和动植物的生存和发展提供了各种各样的资源和条件。今天,让我们一起来学习一下吧!

地球

课堂讨论

1. 地球上有哪些适合动植物生存的条件?

2. 你能通过生活中的现象,说出更多影响动植物生存的条件吗?

 空气资源

空气是地球上的动植物生存的必要条件,动物呼吸、植物光合作用都离不开空气。大气层可以使地球上的温度保持相对稳定,可以吸收来自太阳的紫外线,保护地球上的生物免受伤害。

课堂讨论

1. 如果空气资源受到污染,会给人类和动植物造成什么样的危害呢?

2. 动物之家中的空气如何实现循环?如果空气受到污染,该如何解决?

水资源

水是地球上最常见的物质之一，是包括人类在内所有生命生存的重要资源，也是生物体最重要的组成部分。你知道地球上包含了哪些水吗？请根据下图说一说。

地球上的水资源

你知道吗

地球上97.5%的水是咸水，只有2.5%的水是淡水。淡水中，近70%被冻结在南极和格陵兰的冰盖中，剩下的大部分是土壤中的水分或者深层地下水，难以开采利用。

土壤资源和光照

土壤不仅为植物提供必需的营养和水分，而且也是土壤动物赖以生存的栖息场所。

土壤和光照

太阳直接为地球提供了光热资源，地球上生物的生长发育均离不开太阳。

阅读学习 光对植物的影响

光是绿色植物的生存条件之一，绿色植物通过光合作用将光能转化为化学能，为地球上的生物提供了生命活动的能量。

光合作用

苏联曾对欧洲落叶松进行不间断的光照处理，使其生长速度加快了近15倍。我国对杜仲苗进行不间断光照，使其生长速度增加了1倍。

在单侧光照射下，植物会向着光源的方向生长，即植物的生长具有向光性。

● 思考

1.在光照条件下，植物的生长速度发生了怎样的变化呢？

2.单侧光照射下，植物向光侧和背光侧的生长速度相同吗？

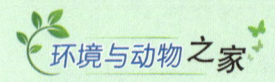

1.3 天气信息的获取

天气时时刻刻影响着我们的生活，也影响着动物之家的花草树木与小动物们。同学们，你们知道怎么看天气预报、怎样测量天气吗？

生活中我们利用多种渠道获取天气信息。查一查，可以通过哪些方式来获取天气信息？

我们可以从电视上了解天气信息，还可以从手机软件上了解天气信息。

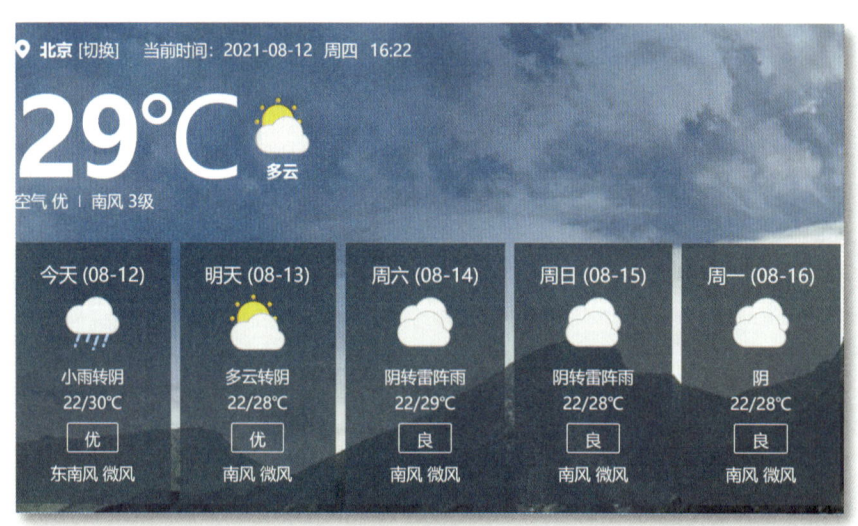

天气预报

天气预报里有许多的天气符号，你认识它们吗？

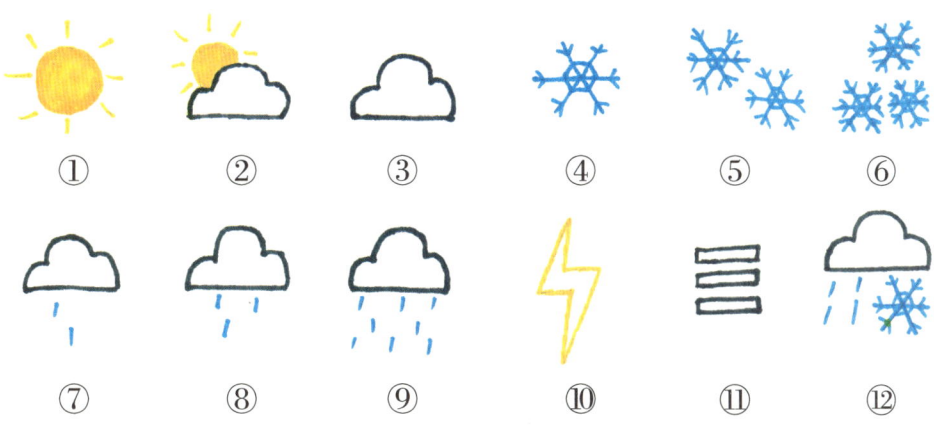

天气符号

你能用上面的天气符号来表示下面四种天气吗？将相应的序号填写在方框内。

 天气测量

天气是指一个地区短时间内大气的综合状况，包括气温、降水、云和风等多种气象要素的连续变化。

气温是天气现象的一个重要特征，用气温计测量。

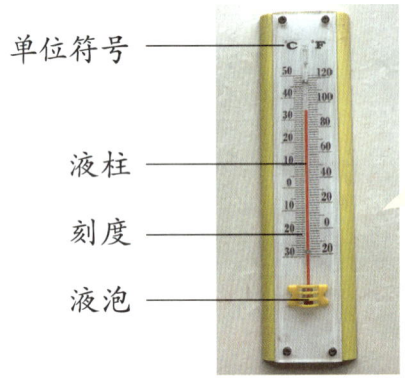

单位符号
液柱
刻度
液泡

气温计

气温计由液泡、刻度、液柱、单位符号四部分组成。"℃"是温度的常用单位，读作"摄氏度"。

降水量（包括降雨量和降雪量）是天气现象的一个重要特征，用雨量器测量。

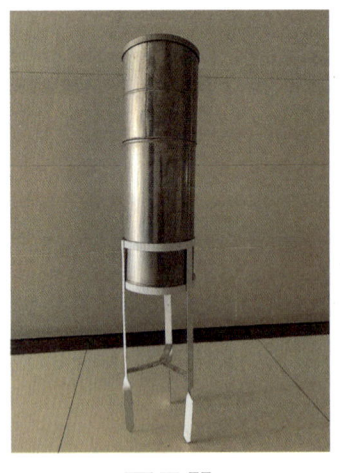

雨量器

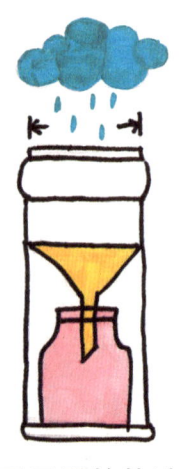

雨量器的构造

气象学家制定的降水量等级标准（24小时内）如下：

降水量等级标准

单位：毫米

等级	24小时降雨量	等级	24小时降雪量
微量降雨（零星小雨）	<0.1	微量降雪（零星小雪）	<0.1
小雨	0.1～9.9	小雪	0.1～2.4
中雨	10.0～24.9	中雪	2.5～4.9
大雨	25.0～49.9	大雪	5.0～9.9
暴雨	50.0～99.9	暴雪	10.0～19.9
大暴雨	100.0～249.9	大暴雪	20.0～29.9
特大暴雨	≥250.0	特大暴雪	≥30.0

云量是天气现象的一个重要特征，把天空当作一个圆，看看云在天空中所占比例的多少，可以判断当天的云量。

无云或云量少　　　　云量较多　　　　云量很多
（总能看见太阳）　（太阳时而可见）　（很难见到太阳）
　　晴天　　　　　　　多云　　　　　　阴天

风向、风速是天气现象的重要特征，用风向标和风速仪测量。

学习了有关天气的知识，你是否想过未来成为一名气象学家？不妨和小组成员一起体验一下，利用各种工具进行天气测量，并描述当天的天气状况。

风向标和风速仪

科学与工程实践活动 测量天气

你要测量的天气现象有哪些？打算用什么工具进行测量？

将所观测到的天气状况记录在下表中，并思考当前的天气状况是否有助于建造动物之家。

天气测量结果记录表

天气要素	天气状况
温度	（　　）摄氏度
降水量	（　　）毫米
云量	
风速	
风向	

1.4 土壤里有什么

在校园中、田野里，植物的生长都离不开土壤。土壤里有什么能够满足植物生长的需要呢？

 ## 土壤里有什么

到学校的墙角、小花园等不同的地方去挖一些土壤来吧！注意不要破坏校园环境和美丽的植物哦！

不同的土壤

仔细观察你挖来的土壤，你能说出里面有什么吗？用手触摸一下土壤，你觉得它是潮湿的还是干燥的呢？不同地方挖来的土壤干湿程度相同吗？借助放大镜，观察一下土壤的颗粒大小是否相同。

观察土壤

观察土壤记录表

观察方法	观察结果	
肉眼看	细沙子	☐
	小石子	☐
	草根	☐
	我还观察到：（　　　　　）	
用手摸	潮湿的	☐
	干燥的	☐
用放大镜观察	土壤颗粒大小相同	☐
	土壤颗粒有大有小	☐
	我还观察到：（　　　　　）	

注：请在观察到的结果后打"√"。

是什么

土壤：指地球表面的一层疏松的物质，由各种颗粒状矿物质、有机物质、水分、空气、微生物等组成，能生长植物。

科学与工程实践活动　土壤堆肥

小思在动物之家种植植物时发现，这片刚刚开垦的土地上的植物长势较差。在请教老师后，小思了解到这是由于土壤缺乏植物生长所必需的养料。于是，科学与工程实践小组成员决定利用生活中常见的材料制作肥料,让这片贫瘠的土壤变得肥沃起来。

● **活动任务**

寻找适合滋养土壤的垃圾,借助所提供的材料和工具,利用垃圾制造有机肥。

● **活动材料**

一个大水桶或者木箱子(身边容易找到的容积较大的容器),一些堆肥材料(例如秸秆、杂草、枯枝、落叶、野草、草皮、石灰、草木灰、泥炭、泥土……)。

注意:部分材料堆制前需要进行处理,如粗大的秸秆应切碎,杂草应先浸泡,部分垃圾需除去碎玻璃、砖块、砂石、废塑料等。

● **活动过程**

先在堆肥桶里放入一层细草或泥炭,再放入一层秸秆、杂草,加适量的水和石灰,再加一层细土或污泥,这样层层堆叠,最后用细土或河泥封好。夏季堆放约2个月,冬季约3~4个月可完成堆肥。

● **我的发现**

活动中你有哪些发现?请记录下来吧。

● **活动总结**

在活动过程中,我们遇到的困难是:

我们所采用的解决方法是：

● 思考

1. 用于堆肥的垃圾有什么特点呢？

2. 你知道什么是垃圾分类吗？联系本活动，谈谈你对垃圾分类的看法。

1.5 土壤有什么作用

我们与所有的动植物一起生活在这片土地上，土壤影响着生活在这里的所有生物。

 ## 土壤有什么作用

根据图片，说一说柳树、仙人掌、水稻、野草生长的土壤环境是怎样的。

柳树

仙人掌

水稻

野草

土壤的作用：

1 支撑作用，让作物可以更容易接触到光源。

2 提供作物生长所必需的水和氧气。

3 提供氮、磷、钾及微量元素等养分。

刮风和降雨会不会影响土壤呢？让我们一起来研究一下吧！

科学与工程实践活动　模拟土壤侵蚀

由于连续的大雨，在星星镇的北部山区，道路旁的土坡出现了多处塌方的现象，阻塞了道路，影响了车辆的通行。大家都看到了这条新闻，小思提议，小组成员一起还原现场的场景。

伙伴们立刻从学校的操场、花坛搜集来一些不同的材料，个个跃跃欲试，准备模拟土壤被侵蚀的过程。

- **活动任务**

借助所提供的材料和工具，模拟土壤被侵蚀的过程。

- **活动材料**

若干盆栽土，若干沙子，若干鹅卵石，若干黏土，一个水壶，一个吹风机，一把直尺，一个量筒。

◉ **活动过程**

查阅资料后讨论，自然界中什么样的土壤容易受到侵蚀？结合以下研究步骤，展开研究活动。

1. 当我们倒水（下雨）的时候土壤材料会发生什么？

（1）从10厘米高处，用水壶往不同的土壤材料上喷洒30毫升水。猜一猜倒水后土壤材料会发生什么，将你的预测记录在表格中。

（2）观察并在表格中记录土壤材料发生的变化。

雨水侵蚀记录表

土壤材料	预测	观察结果
盆栽土		
沙子		
鹅卵石		
黏土		

2. 当我们吹风（刮风）的时候土壤材料会发生什么？

（1）从10厘米高处，用吹风机往不同土壤材料上吹风。猜一猜吹风后土壤材料会发生什么，将你的预测记录在表格中。

（2）观察并在表格中记录土壤材料发生的变化。

风力侵蚀记录表

土壤材料	预测	观察结果
盆栽土		
沙子		
鹅卵石		
黏土		

● **我的发现**

1. 你的预测和观察结果是否一样？_____

2. 不同的土壤材料受到雨打、风吹有什么不同的结果？

● **我的结论**

我认为,(　　　　　)最不易被侵蚀,(　　　　　)最容易被侵蚀。

● **活动总结**

在实验过程中,我们遇到的困难是：

我们所采用的解决方法是：

● **思考**

1. 为什么不同的土壤材料受到侵蚀的程度不同？

2. 从防止水土流失的角度思考,该如何预防土壤侵蚀？

项目二

蝴蝶之家与鸟盆

项目活动

科学与工程实践小组成员已经向校长申请修建一个动物之家,用于研究自然环境随时间的推移发生的变化。这个动物之家包括一个生命科学区和一个地球科学区。生命科学区需要建造蝴蝶的家和鸟盆,同学们,让我们一起来设计与制作吧。

2.1 制作一个日晷

在古代，人们利用太阳下影子的变化，制作了计算时间的仪器——日晷。如何利用影子来判断时间呢？让我们一起来探索一下吧！

日晷

影子活动

1 在学校的操场上找到一个有阳光且不会被建筑物或树木遮挡的地方，当你站立在这里时，是否能看到自己的影子？

2 猜一猜你的影子在1小时后和3小时后，长短和方向会发生什么变化，把你的预测记录在表中。

3 面向正北方站立进行测试。拿出卷尺量一量你的影子实际变化的长度，以及移动的方向，记录在表中。

影子变化记录表

问题	预测	观察结果
影子在1小时后长度是多少？		
影子在3小时后长度会变化多少？		
影子会往哪个方向移动？		
一天中的影子会同样长吗？		

根据所观察到的现象，你能解释影子发生变化的原因吗？

项目二　蝴蝶之家与鸟盆

科学与工程实践活动 **制作日晷**

校长同意了我们的申请,我们将要准备建造动物之家啦。在动物之家中可以借助日晷观察环境随时间的推移发生的变化,让我们来制作一个日晷吧!

● **活动任务**

依照工程设计流程设计并制作一个日晷。

● **定义问题**

工程师在开始研究一个项目之前会先定义问题,即通过观察、调查等方式明确问题及其要求。

为此,需要知道成功标准和限制条件,例如:日晷需要具备哪些功能?这就是成功标准;应该克服哪些困难?这就是限制条件。

小思考虑到一个人的想法是有限的,于是他找到了特特、小伊和茉茉,组建团队,分工合作,共同解决问题。

制作日晷的成功标准和限制条件

成功标准	限制条件
小思认为:可以用日晷判断时间	特特认为:风会吹翻日晷
小伊认为:	茉茉认为:

● **了解问题**

定义问题之后需要进一步了解问题,即通过查阅相关资料、开展头脑风暴等方法来提出多种解决方案,并选择最优方案。有时需

25

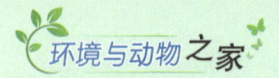

要借助前人的智慧来帮助我们解决问题。

可以用什么材料制作日晷呢?

日晷通常由铜制的指针和石制的圆盘组成。

● 拟订解决方案

调查并列出所需的材料,确定将采取的步骤,并用草图、便签等形式把方案呈现出来。

1.画出日晷的草图,并说明设计的理由。

2.列出制作日晷的步骤。

3. 写出制作过程中需要用到的工具和材料。

尝试解决方案

初步确定一个具体方案之后，小组合作讨论，看看如何使这个方案更加完善。一个优秀的作品，通常需要不断地进行修改、完善。

设计方案确定之后，小组按照设计方案开始制作日晷。在制作过程中若发现设计不妥当，也可以对设计方案进行进一步修改。

在制作过程中，遇到了哪些问题？是怎么处理的呢？

遇到的问题与处理方法

遇到的问题	处理方法

- **测试解决方案**

日晷已经制作好了,需要对它进行测试,看看所制作的日晷是否能利用影子的方向和长短的变化来测量时间。

应该从哪几个方面来测试日晷的功能?通过测试,你们发现有什么不足?

测试要点

1. 是否能观察到影子?
2. 影子的长短和方向会随着时间的推移而发生变化吗?
3. 能利用日晷来准确计时吗?

……

- **确定解决方案**

解决问题并不是一蹴而就的,需要反复改进和完善。确定解决方案就是要根据测试结果来不断改进设计,直到能够完全满足要求为止。

1. 根据测试结果,你们会做出哪些改进?

2.画出改进后的草图,根据草图进一步完善日晷。

3.改进后请重新对日晷进行测试。

拓展活动

阳光与四季

　　一年有春、夏、秋、冬四个季节。不同的季节,阳光照射的角度是不一样的。影子的长短和方向随着季节的更替又会发生哪些变化呢?你能动手测量一下吗?

四季

2.2 美丽的蝴蝶

生活中我们会看到五颜六色的蝴蝶,你知道它们的名字吗?蝴蝶的一生是怎样的呢?

 认识蝴蝶

为了更好地建造一个蝴蝶花园,让我们去公园、草地走一走,观察并认识一下各种蝴蝶吧。

虎凤蝶　　　　　　红珠凤蝶　　　　　　冰清绢蝶

菜粉蝶　　　　　　虎斑蝶　　　　　　勾粉蝶

蝴蝶属于昆虫,身体分为头、胸、腹三部分,胸部有三对足,两对翅膀。

项目二 蝴蝶之家与鸟盆

触角
头
胸
腹
翅膀

蝴蝶结构

公园里有那么多色彩缤纷的蝴蝶，你们都认识吗？让我们一起观察，并将它们的种类和数量做个统计吧！

蝴蝶种类和数量统计表

蝴蝶名称	数量

公园里哪种蝴蝶最多呢？你能认出蝴蝶的头、胸、腹三部分吗？

31

注意不要伤害蝴蝶，更不要破坏蝴蝶的栖息地哦。

 **蝴蝶的生命周期**

蝴蝶的生命周期分为四个阶段，分别是卵、幼虫、蛹、成虫。请你仔细观察公园里蝴蝶的这四种形态，并把它们画下来。

蝴蝶的生命周期

生命周期阶段	我的绘画
卵	
幼虫	
蛹	
成虫	

通过观察与绘画，你发现了哪些信息？请和你的同伴分享。

项目二　蝴蝶之家与鸟盆

卵　　　　　　　幼虫

成虫　　　　　　蛹

菜粉蝶的一生

你对蝴蝶生命周期的哪个阶段最感兴趣呢？好好研究一下，做个观察小达人吧！

观察蝴蝶

我选择观察蝴蝶的_____期。

1 你知道这个阶段的蝴蝶有什么特征吗？

2 观察这个阶段的蝴蝶，你发现了什么？

3 不同类型的蝴蝶在这个阶段的特征相同吗？为什么？

4 对于这个阶段的蝴蝶，你还有什么想知道的吗？

5 在这一过程中，你学到了哪些新词语呢？

请你将上述问题的答案写在以下表格对应的栏目里。

自我评价记录表

我知道	我发现	我有证据	我想知道	我学会了

 蝴蝶适宜生存的环境

同学们，我们已经知道了蝴蝶的结构和生命周期，但是蝴蝶跟我们一样需要吃饭吗？它们喜欢在什么样的环境中生活呢？让我们一起来研究吧！

 **蝴蝶的食物**

蝴蝶幼虫吃什么？它的食物是一种植物还是多种植物？请你仔细观察并完成以下连线。

虎凤蝶　　　　　　红珠凤蝶　　　　　　菜粉蝶

马兜铃　　　　　　杜衡　　　　　　　　卷心菜

你还知道哪些蝴蝶以及它们幼虫时期的食物呢？

 **蝴蝶的生存条件**

春天，花丛里随处可见翩翩飞舞的蝴蝶，它们在怎样的生存环境中会觉得更舒适？

蝴蝶的生存条件应该和温度有关，它们应该更喜欢生活在温暖的环境中。

湿度也会影响蝴蝶的生存。它们应该喜欢在潮湿的环境中生活。

我觉得蝴蝶会喜欢生活在植物较多的地方。

蝴蝶天敌肯定会影响蝴蝶的生存。

与小伙伴们一起尝试调查不同种类的蝴蝶，看看它们都喜欢生活在什么样的环境中。

蝴蝶生存环境调查记录表

环境因素	调查发现
温度	
湿度	
食物	
天敌	

2.4 蝴蝶之家

我们观察并认识了公园里不同种类的蝴蝶，了解并记录了它们的生命周期。原来蝴蝶的卵形状各异，蝴蝶是由毛毛虫变来的，不同的蝴蝶有不同的寄主植物……根据前期的观察和记录，我们准备在星星小学建造一个蝴蝶之家。

科学与工程 实践活动 建造蝴蝶之家

● **活动任务**

依照工程设计流程设计并制作蝴蝶的家。

● **定义问题**

蝴蝶之家应该有什么？建造蝴蝶之家需要准备哪些材料？

需要用什么方法来保护蝴蝶的卵不被其他动物吃掉？

要种一些蝴蝶爱吃的植物吸引它们。

植物的生长需要阳光、土壤和水。

● **了解问题**

调查了解一下别人是如何建造蝴蝶之家的，你会有意想不到的

收获哦！

- **拟订解决方案**

1. 列出建造蝴蝶之家需要用到的材料。

建造"蝴蝶之家"材料表

可能用到的材料	还需用到的材料
蚊帐	
竹竿	
温度计	
土壤	
不同的植物	

2. 画出蝴蝶之家的设计草图。

和你的小伙伴讨论一下，蝴蝶之家的外形是怎样的？里面有什么？把最终的蝴蝶之家设计图画出来。

 设计图里的设计内容实际能做到吗？

 设计图里哪些设计内容是可以优化完善的？

 其他组的哪些设计内容是我们可以学习借鉴的？

3.列出具体实施步骤。

 用蚊帐和竹竿制作出蝴蝶之家的屋子造型，注意把握"屋子"的空间大小。既能保证蝴蝶正常的生活，又能合理利用空间。

 确定要饲养的蝴蝶种类，种植相应的寄主植物。

 每日观察蝴蝶之家里蝴蝶的生长情况，遇到问题及时处理。

环境与动物之家

● 尝试解决方案

开始制作蝴蝶之家吧！在这一过程中你们遇到了哪些问题？对于这些问题是如何处理的呢？

遇到的问题与处理方法

遇到的问题	处理方法

● 测试解决方案

蝴蝶之家已经建好了，里面植物的生长情况和蝴蝶的生存情况如何？

"蝴蝶之家"情况记录表

日期	温度	植物生长情况	蝴蝶生存情况

● 确定解决方案

1. 根据测试结果，你们建造的蝴蝶之家有哪些需要改进的地方？

2.你们对蝴蝶之家设计图做出了哪些改进?画出改进后的草图吧!

3.根据改进后的草图进一步完善蝴蝶之家,并重新进行测试。

2.5 制作一个鸟盆

小鸟在冬天能找到食物吗？在夏天它们会不会因找不到水喝而口渴呢？让我们一起帮小鸟建个鸟盆吧！

科学与工程实践活动 制作鸟盆

○ 讨论

和小伙伴们一起思考并讨论建造鸟盆需要考虑哪些因素。

| 需要用到什么材料？ | 鸟盆的大小是否合适？ | 可以设计不同形状的鸟盆。 | 鸟盆里应该放什么食物？ |

○ 设计

小组合作完成鸟盆的设计稿，并根据老师和同学们的建议进行修改完善。

- **制作**

根据你画的设计图开始制作吧!

- **统计**

你的鸟盆吸引来了哪些鸟?请分别数一数并记录在下表中。

鸟类的种类和数量统计表

鸟类名称	数量

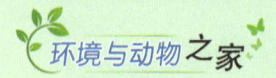

2.6 认识观察工具

蝴蝶和小鸟都比较胆小，人靠近时很有可能会飞走，我们不容易观察到，可否借助一些工具来帮助我们进行观察呢？

工具箱

我们可以想办法获得蝴蝶标本，并使用放大镜来观察蝴蝶的翅膀；可以使用望远镜来观察树上的小鸟。

放大镜

望远镜

你知道吗

当我们观察的物体很小时，需要借助放大镜；当我们观察的物体距离太远时，需要借助望远镜。

使用方法

放大镜和望远镜该如何使用呢？

1. 左手持放大镜，右手持物体。
2. 调整物体与放大镜之间的距离，直到能清晰地看到物体为止。

1. 调节望远镜两个镜筒之间的距离，直到左右画面合为一个圆形画面为止。
2. 慢慢旋动调焦轮，直到左眼视野清晰。再慢慢旋动右目镜，直到右眼视野也清晰为止。

选择合适的工具有助于提高观察的效率哦！

拓展活动

1. 观察地上的蚂蚁，你会选择哪种工具呢？试着用它观察一下吧！
2. 当夜晚仰望星空时，你会想到用哪种工具来观察星星呢？尝试看看吧！

项目三

动物之家我设计

项目活动

星星小学的小小科学家们对户外的蝴蝶和鸟儿进行了观察和记录,知道了蝴蝶的生长周期及部分小鸟的食性,现在可以着手设计动物之家了。动物之家的面积是多少?我们还需要购置哪些材料?如何制作一个播种机来播种植物呢?接下来就让我们一起设计并建造动物之家吧!记得每日监测与维护哦!

3.1 我们一起来设计

设计动物之家时，需要考虑哪些因素？请大家围绕这个问题展开讨论。

> 我想知道我能拥有多大的空间来建造动物之家，我想在这个教室中分区域种植物，养蝴蝶……

> 我会思考要用到哪些材料和工具，会花费多少钱。

 **占地面积**

校长为了支持同学们的科学研究，将学校的一间空教室以及周围闲置的区域提供给大家，以便改造成动物之家。

小思想，要设计动物之家，得先知道可利用的空地面积有多少。那么，如何知道空教室及周围闲置区域的占地面积呢？

物体所占平面的大小叫作该物体的**面积**。

用于改造动物之家的空教室及周围闲置区域的底面为长方形，你能帮助小思计算出它们的占地面积是多少吗？

你会怎么计算呢？写一写你的想法。

你知道吗

长方形的面积计算公式：

面积＝长×宽

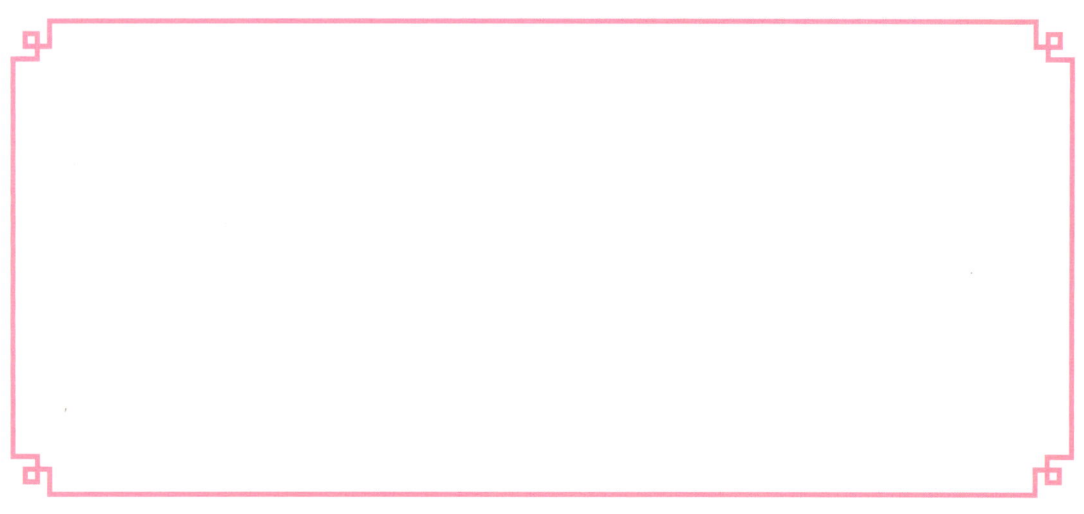

科学与工程实践活动 实地测量

校长通过了"建造动物之家"的提案申请。小思提出了新的问题:动物之家的占地面积有多大呢?特特建议伙伴们一起进行实地测量,并计算出占地面积。

注意:小朋友不可以独自到户外测量哦!

● **活动任务**

对空教室及周围闲置区域进行实地测量并计算占地面积。

● **活动材料**

一把卷尺,一张纸,一支笔。

● **活动过程**

1. 用卷尺测量出空地底面的长度和宽度,并记录在纸上。
2. 利用之前所学的长方形面积计算公式,计算出空地的占地面积,并将计算过程记录在下面的方框中。

计算过程

3. 和你的小伙伴交流一下,看看你们的计算结果是否相同。

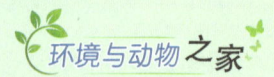

大家已经计算出可用空间的面积，现在一起来设计动物之家吧！

科学与工程实践活动 设计动物之家

● **活动任务**

依照工程设计流程设计动物之家。

● **定义问题**

在动物之家中，你们需要探索动植物随时间推移发生的各种各样的变化，那么，需要在动物之家中添置哪些物品才能达到目的呢？

我们需要用计时工具来了解时间变化！

可以养殖一些动物，如蝴蝶。还可以用鸟盆来吸引小鸟。

还要种植植物，其中一部分植物可以作为蝴蝶的食物。

● **了解问题**

关于动物之家的设计，你们有哪些想法？请针对以下问题查阅相关材料，并进行头脑风暴，然后用文字和图画的形式将你们的想法记录下来。

1. 动物之家分为哪些区域？各区域的分布是怎样的？
2. 你们打算用什么作为计时工具？

3. 你们打算养殖哪些种类的蝴蝶?

4. 什么样的植物能吸引蝴蝶?

5. 你们将如何确保阳光和水分的供给?

- **拟订解决方案**

画出动物之家的设计草图。

设计图应包括:(1)各区域的布局(标出尺寸大小);(2)计时工具;(3)蝴蝶种类;(4)植物种类;(5)光照量;(6)灌溉系统。

- **展示**

将各小组的设计草图张贴在黑板上,每个小组分别邀请一名组员介绍设计图,其他学生进行评价,投票选出最受欢迎的三张设计图。

3.2 我们一起来准备材料

大家已经设计好动物之家了，现在让我们一起来准备材料吧！

 **预算**

按照设计图建造动物之家需要花费多少钱呢？让我们先来做个预算吧！

像这样计划并预测建造动物之家所需金额的过程，称为做预算。其中，建造动物之家所需的全部费用称为成本。

课堂讨论：改造一间教室需要考虑哪些成本呢？

 **材料清单**

为了准确知道建造动物之家的成本，我们要先调查并确定需要哪些材料，并制订材料清单。

有什么办法能清晰地罗列出所需的材料呢？

可以列表格试一试！

你知道吗

表格作为组织整理数据的手段，具有直观、具体、清晰的特点。人们在通信交流、科学研究以及数据分析中广泛采用各种各样的表格。

科学与工程实践活动：建造动物之家的材料预算

● **材料统计**

在进行材料预算之前，必须知道建造动物之家所需的材料，让我们一起完成下表吧！

建造动物之家所需材料表

任务	所需材料
建造蝴蝶的家	
制作一个鸟盆	
制作一个日晷	
维护动物之家	
为花园浇水	
其他	

● **资金预算**

根据建造动物之家的材料需求,我们就可以进行资金预算啦!

购买每一种材料的费用、材料运输过程中所产生的费用以及后期的维护费用等都需列入资金预算当中。如,购买工具需要500元,运输需要200元,后期维护需要500元,则资金预算就是500 + 200 + 500 = 1200元。

建造动物之家所需资金表

项目	所需资金
土壤	
种子/幼苗	
工具	
灌溉系统	
其他物资	
总计	

科学与工程实践活动 **为建造动物之家筹款(选做)**

学校的动物之家已经在筹建阶段,但是遇到了非常严重的问题——资金不足。为了解决资金短缺问题,使动物之家能够尽快建造完成,我们应该动员社会力量,筹措资金!小思提议制作一份筹款海报进行宣传,而特特认为可以设计一份"星星小学建造动物之家"筹款书。请大家从海报和筹款书中选择其中一项进行制作,一起行动起来,为建造动物之家筹集更多的资金吧!

● **讨论**

1. 一份有吸引力的筹款海报或者筹款书应包括哪些部分？
2. 你打算在海报或者筹款书里填写哪些内容呢？

要有醒目的标题来介绍筹款主题。

可以放上动物之家的相关设计图。

要讲清楚筹款的目的和方式……

● **准备素材**

1. 介绍筹款主题。

用简洁的语句来介绍筹款的目的是建造一个动物之家。可参考以下示例：

> ➢ 标题：星星小学动物之家筹款海报（书）。
>
> ➢ 介绍：为了更好地研究动植物的生存环境，加深对科学的理解和学习，我们打算建造一个动物之家！希望关心星星小学发展的社会各界人士，积极行动起来……

2. 介绍优点。

介绍动物之家的优点，在写作过程中，可以补充一些与动物之家相关的细节信息和图片。可参考以下示例：

▶ 优点：

（1）在动物之家中，我们可以观察到丰富的植物和有趣的动物。

（2）宽阔的户外场地，可以方便我们进行实验、阅读、手工制作等，还可以使用工具进行探究性学习。

（3）……

蝴蝶

认识植物

● **制作**

请大家开始制作自己的动物之家筹款海报或筹款书吧！

3.3 与动物之家相关的职业

动物之家终于完工啦!今天,让我们一起去参观体验一下吧!

环境监测

动植物的生长对环境有不同的要求,那我们该如何进行动物之家环境的监测呢?

要记录温度的变化。

可以每天绘制天气图表。

日照强度也需要关注。

湿度也需要控制。

课堂讨论 这些有关环境的信息我们该如何获得呢?

我们可以使用气温计来测量温度的变化,我们还可以从天气预报中获取需要的信息。

请尝试用一些简单的符号,记录每天的天气情况。

相关职业

与动物之家相关的职业有哪些？让我们一起来了解一下吧！

职业介绍——天气播报员

向公众提供特定地区当前的天气状况和预期的天气状况等相关信息的人。

天气播报员

职业介绍——建筑师

以建筑学相关学科的知识以及建筑设计和技能为社会服务的专业人员。

建筑师

职业介绍——花匠

以种花、养花为业的人。

花匠

在建造动物之家的过程中，还涉及哪些相关的职业呢？你在这一过程中扮演了什么角色呢？

3.4 制作一台播种机

为了让动物之家的各种植物能够健康生长，我们需要让它们有合理的空间分布。那么我们该如何播种呢？没有人播种，植物又是怎么长到屋顶的呢？

屋顶的植物

 **传播**

"春种一粒粟，秋收万颗子。"种子在适宜的环境下，会萌发长出新的植物。

课堂讨论

种子是如何到达适合其生长的地方的？

大风可以带着一些轻盈的种子飞翔……

种子可能掉进河里，随着水流漂向远方……

种子可以依附在小动物的身上旅行……

是什么

传播是一种广泛的散布。

朗读《小种子的旅行》《小刺猬与小伞兵》，回答下列问题：

1 蒲公英的种子是如何旅行的？当旅行到达终点之后，发生了什么？

2 在生活中你见过旅行的小种子吗？它们是通过什么方式旅行的？

3 你学到了哪些新知识？与你的同伴进行分享吧！

科学与工程实践小组想要种植一些植物，他们打算根据工程师们经常使用的"工程设计流程"来设计并制作一台播种机。

制作播种机

科学与工程实践活动

● **活动任务**

依照工程设计流程设计并制作一台播种机。

● **定义问题**

播种机需要具备哪些功能呢?

播种机能帮助播撒种子。

能将种子播撒到不同位置。

能尽量均匀地播撒种子。

● **了解问题**

1. 查阅别人制作的播种机,能给你带来思路。

2. 开展头脑风暴,提出多种方案并选择最佳方案。

● **拟订解决方案**

1. 画出播种机的草图,并说明设计理由。

2.列出制作播种机的步骤。

3.写出制作播种机需要用到的工具、材料和技术。

- 尝试解决方案

1.按照设计方案制作播种机。

2.在制作播种机的过程中遇到了哪些问题？你们是如何处理的？

遇到的问题与处理方法

遇到的问题	处理方法

- 测试解决方案

1.测试你们制作的播种机，它能播撒种子吗？是否能将种子均匀地播撒到不同位置？

2.这个播种机还有什么可以完善的地方？

项目三　动物之家我设计

● **确定解决方案**

1.根据测试结果,你们会做出哪些改进?画出改进后的草图。

2.根据改进后的草图进一步完善播种机。

3.重新测试解决方案,直到播种机能完全满足要求为止。

● **展示**

每个小组向全班介绍你们制作的播种机,投票选出最好、最有创意的播种机。

拓展活动

● **动物传播**

用放大镜观察苍耳、鬼针草的果实,它们有什么特殊的结构?把它们放在毛巾上试一试,观察产生的现象。

苍耳

● **水传播**

将莲子、椰子果实轻轻地放入水中，观察它们在水中的沉浮情况。

莲子

油菜籽

● **自体传播**

靠植物本身传播，果实成熟开裂时会产生弹射的力量，将种子弹射出去。

观看油菜果荚、喷瓜传播种子的微视频。

● **风传播**

采集一些鸡爪槭的果实，研究鸡爪槭的"翅膀"对飞行距离的影响。

鸡爪槭果实

大"翅膀"的鸡爪槭可能飞得更远。

应该是小"翅膀"的鸡爪槭飞得更远。

飞行距离记录表

鸡爪槭果实	第一次	第二次	第三次
大"翅膀"			
小"翅膀"			

1. 我的发现：

我观察到的现象是_____。预测和观察结果_____。

2. 我的结论：

我认为（　　　　　　　　）的鸡爪槭果实能飞得更远。

3.5 维护动物之家

动物之家建好之后,里面的动植物需要有人定期照顾和养护。我们每天应该做点什么呢?让我们一起来讨论吧!

 **维护动物之家**

只有在大家的共同维护下,动物之家才能够长期使用,便于我们观察探究环境随时间的推移发生的变化。

请大家围绕如何维护动物之家展开讨论,发表尽可能多的观点。不要对任何观点进行评价,只能补充他人的观点。

要按时除草。   要定期浇水。   要每天检查日晷。   还要灌满水盆并检查清洁程度。

观点记录表

组别	观点

续表

组别	观点

请同学们对所阐述的观点进行归类和删减。然后，小组讨论，合作制订一份维护动物之家的每日计划表。小组成员需轮流完成各项任务哦。

维护动物之家每日计划表

任务	第____小组				
	星期一	星期二	星期三	星期四	星期五
除草					
浇水					
灌满水盆并检查其清洁程度					

续表

任务	第_____小组				
	星期一	星期二	星期三	星期四	星期五
检查日晷					
检查花园					
其他					

在维护的过程中，需要用到哪些工具？工具每次用完之后放在哪里？

工具记录表

任务	所需工具	放置位置
拔草	手套	自备
浇水	水管	卷起来放置在水龙头下

 **创意写作**

动物之家在大家的努力下，已经越来越接近我们的预期了，这里有青菜、柑橘、蝴蝶、青蛙、蜜蜂、蚂蚁……假如你是其中的一员，你会有怎样的经历呢？拿起你的笔写一写吧！

1 想象你是一只蝴蝶，在动物之家里参观蝴蝶花园。你看到了哪些美丽的风景？遇到了哪些可爱的小伙伴呢？写下你在花园里的经历吧！

2 假如你是一株植物，编写一段关于你在动物之家的经历。

阅读学习 浇水量

　　春回大地，逐渐进入植物的生长旺期，浇水量要逐渐增加，浇水宜在午前进行；夏季，花卉生长旺期，蒸腾作用加强，浇水量应充足，宜在早晨、傍晚进行；立秋后气温渐低，花卉生长缓慢，应当减少浇水；冬季气温低，许多花卉进入休眠或半休眠期，要控制浇水，宜在午后一两点钟进行。

项目四

观察与评价

项目活动

同学们，在建造动物之家的过程中，我们会发现，这个空间内的土壤、温度、光线等非生命体都会发生变化。随着时间的推移，动物之家中的所有植物和动物，也都在不断地发生变化。其中一定有不少奥秘！让我们持续跟踪调查这些生物的数据和信息，创建相应的观察日志，来探索这些奥秘吧！记得和小伙伴们展示交流哦！

 动物之家观察日志

动物之家在大家的共同维护下已经变得越来越好了。该如何利用动物之家开展探究工作呢？

 ## 观察日志

大家可以通过创建观察日志的方式，对动物之家中动植物的日常生命活动进行详细记录，以便从中寻找出科学规律。

观察收集蜜源植物数据

是什么

观察：利用眼、耳、口、鼻、手等感觉器官，或者尺子、放大镜、温度计、天平等工具进行数据获取的过程。

创建观察日志：对具体的某一种事物的样本，做上标记作为重点观察对象，记录它们的变化情况。

收集数据：记录事物的大小、距离、时间、体积、面积、质量、温度等。

合理测试：根据数据或者观察现象形成某种想法。设计一个实验，测试单一变量的影响。通过实验现象来解释数据、验证和回答某个问题。

科学与工程实践活动 创建植物观察日志

动物之家的花草多姿多彩，你最喜爱哪种植物呢？试着创建一个植物观察日志，用心观察并记录植物的变化！

- **活动任务**

将你观察到的植物的生长过程，以及你在观察过程中的心得体会记录下来，可以补充一些你拍摄的图片或绘制的图画。

不要忘记记录时间和天气哦！

- **制订计划并开展调查**

1.为了详细了解植物的生长过程，我们需要对植物的各个部位进行观察。你准备观察植物的哪些部位？

项目四　观察与评价

2.我们该通过什么方法获取数据？在获取数据的过程中会用到哪些工具和材料？

3.我们该如何分配组员的工作？小组成员各自擅长什么？

- **科学写作：呈现研究过程**

　　　　　我们对＿＿＿＿＿＿的研究过程

要求：真实记录研究的过程。

为什么要记录这些观察数据？	一般选择什么时间、什么地点进行数据的采集？
在研究过程中发生了哪些印象深刻的事情？	整个活动中，你在小组里面起到了哪些作用？

73

续表

在研究过程中,你们查阅了哪些书籍?学会了使用哪些工具?	你们得到了哪些帮助?

通过本次研究你学到了什么?

在本次写作中可能要用到的词汇:
因为……所以……
观点　　行动　　以及　　　　感受　　建议
首先……其次……最后……　　主张　　设计

- 记录获得的植物数据

我们的植物数据

时间	植株高度	叶的情况	花的情况	果实的情况	种子的情况	其他情况

同学们,也可以按照上面的活动过程创建动物观察日志哦!

请你用文字记录这次研究过程中的体验,谈谈想法和感受。

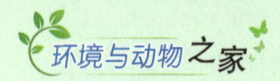

4.2 绘制幸福家园

同学们，经过大家的努力，动物之家已初步建成，我们也已经开展了一些初步的探究活动。但是，如何让动物之家中的动植物和谐共处？如何合理地利用动物之家的空间？如何更便于同学开展观察和科学研究？

你有哪些新的想法和创意呢？为了方便交流，我们先来绘制"动物之家"的地图吧！即日起，学校面向全校学生征集"动物之家手绘地图"。作品以A3纸或者A4纸的大小呈现。

赶紧行动起来，期待你的创意！

 **地图三要素**

地图是我们学习和生活中不可或缺的工具，可以给我们的生活带来很多的便利。让我们以星星小学的校园地图为例，一起来学习地图最基本的三个要素吧！

地图最基本的三个要素：方向、比例尺和图例。

是什么

方向：用来指示地图上的方向。

比例尺：表示图上距离比实际距离缩小的程度。

$$比例尺 = \frac{图上距离}{实际距离}$$

> 图例：一种标注在地图的角落上，用各种符号和颜色来代表内容与指示说明的地图符号。

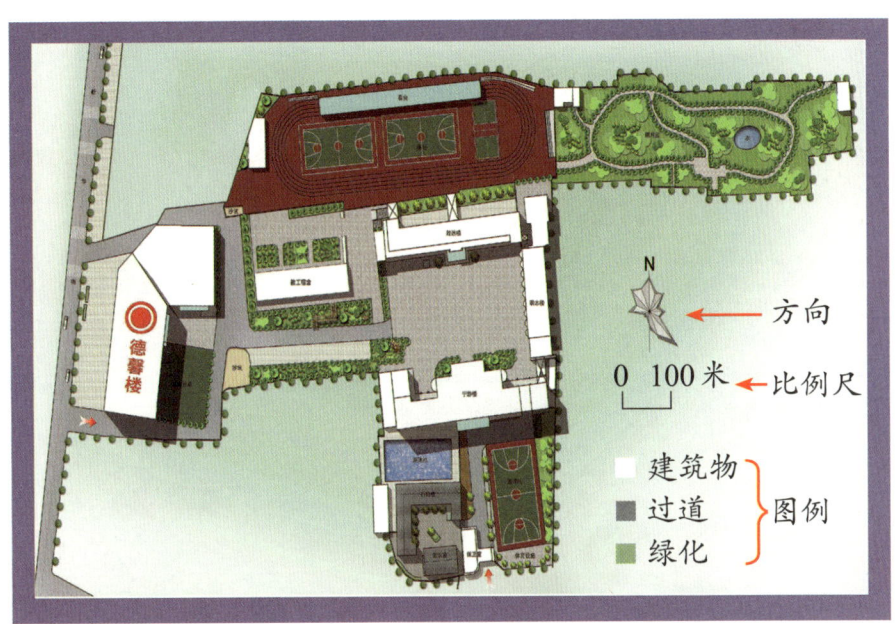

星星小学校园地图

 ## 手绘地图制作步骤

绘制地图所需要的材料有：铅笔、橡皮、圆规、直尺、卷尺、量角器、彩色笔。此外，我们还需要按照一定的步骤来进行制作。

1 清楚动物之家的整体布局。

2 用步测法、估算法等来进行实地勘测（估算方法可自行选择）。

3 选用合适的工具和方法对动物之家内部的空间布局进行测量。

4 设置记录数据的表格，记录完整的数据。

5 确定绘制地图的比例尺。

6 绘制地图。

7 添加图例和颜色,并标注方向。

现在请按照制作步骤来进行分工吧!

手绘地图分工表

任务	参与者	负责人	完成时间

 **手绘地图需要解决的问题**

同学们,在实际操作过程中会遇到各种问题,让我们一起来解决吧!

小思量得一个长方形花坛的长是5米,宽是4米,请你帮忙画出此花坛平面图。

应该用多大的比例尺来绘制花坛平面图?

我们要根据花坛的边长和纸张大小来确定比例尺。

再来明确一下方向吧!

假如小组成员从游乐园回家,茉茉先向南走,再向东走到家;小伊先向北走,再向西走到家。请你在方位图中分别标出他们的家。

方位图

结合刚才的练习,你能根据校园建筑物示例图及校园简易地图示例,按一定的比例画出你们学校的校园简易地图吗?

校园建筑物示例图

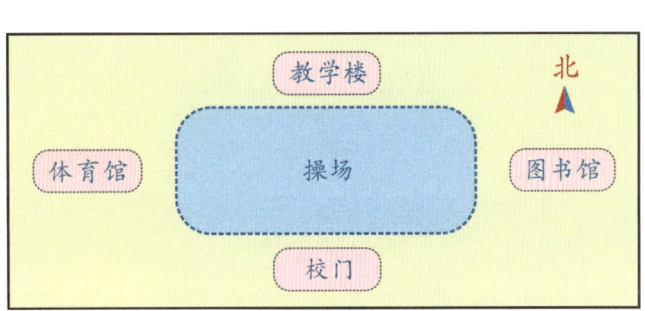

校园简易地图示例

注意事项

1. 小心使用测量工具，避免在测量的过程中弄伤同学和自己。

2. 不要站在比较高的地方进行测量，防止摔伤等意外事件的发生。

 **我的手绘"动物之家"地图**

现在请画出你的"动物之家"手绘地图吧！可以向同学展示分享你的作品，并根据他们的建议进行修改哦！

4.3 制作动物之家的3D模型

初步建成的动物之家还需要进一步完善，5份最佳设计稿已经评选出来了，将依次在学校公众号中推送。哪一个是你心目中的动物之家？你是否还想在优秀设计图上加入自己的创意？

想让自己的金点子得到全校师生的响应吗？机会来了！

即日起，我们面向全校学生征集"动物之家3D模型"。作品以实物模型为准，材料自备。可以是纸质模型、橡皮泥模型、3D打印模型等。

动物之家物种分布调查

赶快参加星星小学"动物之家3D模型"征集活动，与大家分享你的创意吧！

科学与工程实践活动 制作动物之家3D模型

● **活动任务**

在"动物之家"设计稿上加入自己的创意，并制作动物之家3D模型。

● **活动要求**

1.用文字和图画的形式阐明你的设计构思。

2.制作3D模型：在5份"最佳设计图"中选择其中一份进行3D模型制作。

3.材料、大小和规格不作要求，允许在原设计图上增加创意细节。

4.将你制作的3D模型和撰写的设计构思一起交给老师。

● **制作**

制作模型，把你的金点子展现出来吧！

● **作品展示**

1.我的设计构思：

2.我的模型照片：

4.4 参观动物之家
——制作一份海报

我们在建设动物之家的过程中，对环境变化有了初步的认识。想一想，每个季节的动物之家各有什么特点？你认为哪个季节的动物之家最有魅力？可以用什么颜色来描绘动物之家的环境呢？你在探索环境变化的过程中，发现了哪些神秘事件？有着什么样的经历？让我们做一份有关"动物之家"的主题海报，来介绍或者展示你的发现。

制作海报

让我们一起按照下面的流程来制作海报吧！可以请家长或同学帮忙哦！

1 小组讨论确定海报主题和主色调。小组成员之间如果发生分歧，可以相互说服或投票决定，要尽量让组员的想法都能得到体现。

2 确定素材来源。海报的素材包括文字和图片。绝大部分素材应该来自动物之家，可以是观察记录，也可以是拍摄的照片。若查阅了其他信息，要判断内容是否正确，并写明资料来源。

3 比较和选用素材。制作海报的素材是大家长期积累的，小组内素材应该共享。和同伴一起对素

绘制海报

材进行比较，从中选取能更好表现主题的图片和文字。

4 设计海报框架。海报制作前要划分好各部分内容的所在区域，这样可以让组员大致了解每个部分文字和图片的数量。

5 小组成员按照确定的主题、主色调、素材、框架共同完成海报的制作。

 **展示与交流**

展示海报时，各组要有一位讲解员，他需要向大家介绍海报内容，同时记录其他组同学提出的建议。观摩学习时，带上纸笔，将自己感兴趣的内容记录下来，也可以对其他小组制作的海报提建议。

展示

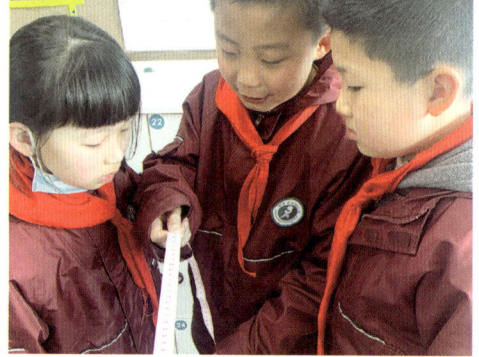

交流

作为讲解员，在讲解的同时，也要认真倾听别人的建议，并把它们记录下来！

展示交流后，一定要把自己的新想法记录下来，方便和小组成员继续研究！

1 通过主题海报的制作与展示交流，你又学习到了哪些有关动物之家或者环境变化的新知识？

2 同学们给你们小组制作的海报提出了哪些建议？其中哪些建议是合理的？你们小组采纳这些建议对海报进行调整了吗？

3 关于动物之家，你还想提出什么问题或想法？把它们记录下来，和同伴、老师一起分享吧！

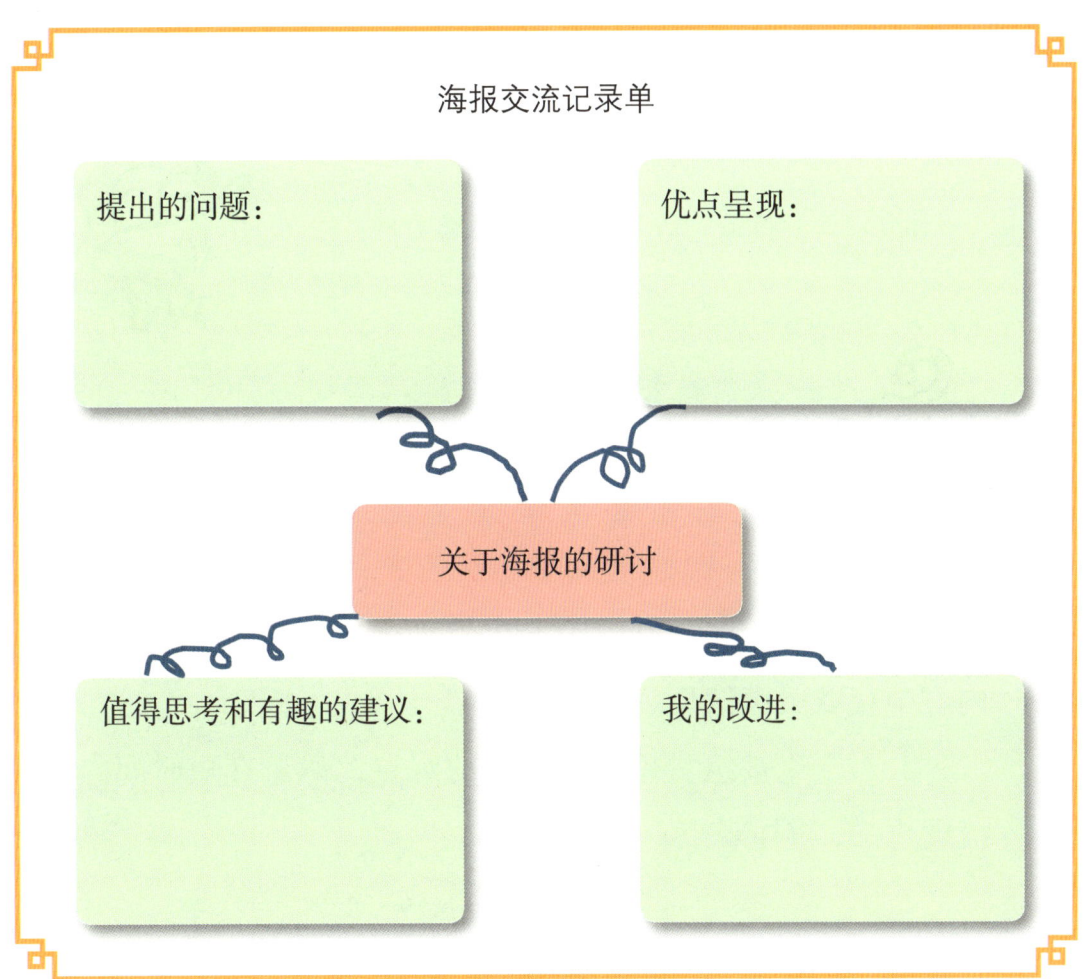

注意事项

1. 在展示前，可以先整理解说词，也可以借助活动中积累的图片和视频来帮助解说。

2. 尊重他人的发言方式，听取建议的态度要诚恳，要注意意见不统一时的表达方式。

由衷地称赞作品的优点，根据实际情况提出疑问和建议。

你可以面带微笑，认真倾听，不随意打断别人……

当意见不统一时，可以说：我想听听你的看法……

3. 有效利用海报交流记录单，学会从其他小组呈现的内容中获取关键信息。

4. 对于未被组员理解与赞同的观点，尽量在短时间内梳理想法，重述观点。

4.5 评价

如何对其他小组的作品和自己小组的作品进行评价？看了别人的作品后，怎样给出合理的建议？怎样判断小组成员在作品制作过程中的合作情况？……

诸如此类的问题都是我们需要关注的。怎样才能开展合理的评价？我们可以借助评价量表来进行判断。

 评价量表

评价量表是多种多样的，我们可以采用不同的评价量表进行不同的评价。

"动物之家3D模型"评价量表

序号	评价标准	自我评价	伙伴评价	老师评价	评价说明
1	做到了区域划分（动植物区、工具观测区和实验活动区）	☆☆☆	☆☆☆	☆☆☆	整体优秀得三颗星，良好得两颗星，需要加油得一颗星
2	各区域设置了必要的设备模型	☆☆☆	☆☆☆	☆☆☆	
3	模型严格按照设计方案来制作	☆☆☆	☆☆☆	☆☆☆	

续表

序号	评价标准	自我评价	伙伴评价	老师评价	评价说明
4	所有的修改和优化都是根据问题和建议进行的	☆☆☆	☆☆☆	☆☆☆	整体优秀得三颗星，良好得两颗星，需要加油得一颗星
5	美观程度	☆☆☆	☆☆☆	☆☆☆	

一定要根据实际情况，给星星涂色！还可以涂半星哦！

小组成员参与合作评价量表

序号	评价标准	自我评价	伙伴评价	老师评价	评价说明
1	全员参与，分工明确	☆☆☆	☆☆☆	☆☆☆	
2	有详细制作流程	☆☆☆	☆☆☆	☆☆☆	
3	方案是在规定时间内经过多次讨论后完成的	☆☆☆	☆☆☆	☆☆☆	整体优秀得三颗星，良好得两颗星，需要加油得一颗星
4	每次对设计草图的修改都有明确的记录	☆☆☆	☆☆☆	☆☆☆	
5	小组成员都能提出创新性的建议	☆☆☆	☆☆☆	☆☆☆	
6	小组成员在整个研究过程中始终积极投入	☆☆☆	☆☆☆	☆☆☆	

项目四　观察与评价

> 小组合作真是太棒了！我能发现每个人的优点！

模型展示交流评价量表

序号	评价标准	自我评价	伙伴评价	老师评价	评价说明
1	展示中介绍了问题提出的背景	☆☆☆	☆☆☆	☆☆☆	整体优秀得三颗星，良好得两颗星，需要加油得一颗星
2	展现出设计方案的全部内容	☆☆☆	☆☆☆	☆☆☆	
3	展示中介绍了模型制作的步骤和所使用的工具	☆☆☆	☆☆☆	☆☆☆	
4	展示以海报、幻灯片或者文字稿的形式进行，有创意，让人眼前一亮	☆☆☆	☆☆☆	☆☆☆	
5	讲述了本组作品对于实际问题的解决情况	☆☆☆	☆☆☆	☆☆☆	

 改进和完善

有了评价表，我们可以清楚地知道自己所在小组做了哪些工作，哪些地方还需要改进和完善。现在对你感兴趣的部分设计解决方案吧！

解决方案1

解决方案2

解决方案3

参考文献

［1］郭峰.天才孩子最喜欢的科学游戏［M］.北京：海豚出版社，2010.

［2］刘清廷.水的神秘世界［M］.合肥：安徽美术出版社，2013.

［3］马金勇.地球资源：大自然的馈赠［M］.合肥：安徽美术出版社，2014.

［4］100°文化工作室.你必须知道的2500个地理常识［M］.重庆：重庆大学出版社，2012.

［5］彭方仁.经济林栽培与利用［M］.北京：中国林业出版社，2007.

［6］陈有民.园林树木学（第2版）［M］.北京：中国林业出版社，2011.

［7］《中学教师实用地理辞典》编写组.中学教师实用地理辞典［M］.北京：北京科学技术出版社，1989.

［8］周肇基.中国植物生理学史［M］.广州：广东高等教育出版社，1998.

［9］蔡信之.合理施肥实用技术［M］.上海：上海科学技术文献出版社，1996.

［10］《中学教师实用数学辞典》编写组.中学教师实用数学辞典［M］.北京：北京科学技术出版社，1988.

［11］王济昌.现代科学技术名词选编［M］.郑州：河南科学技术出版社，2006.

［12］王自强.现代汉语虚词词典［M］.上海：上海辞书出版社，

1998．

［13］任超奇．新编学生同义反义词典（双色版）［M］．武汉：湖北辞书出版社，2006．

［14］江鼎康，江劼，江素卿．家庭花卉栽培［M］．上海：上海科学技术文献出版社，2002．